中国流苏树品种鉴赏

Appreciation of Chinese Fringetree Cultivar

李际红　编著

中国林业出版社
China Forestry Publishing House

图书在版编目(CIP)数据

中国流苏树品种鉴赏 / 李际红编著 . –– 北京 : 中
国林业出版社 , 2022.4
ISBN 978-7-5219-1600-3

Ⅰ . ①中… Ⅱ . ①李… Ⅲ . ①观赏树木—木犀科—品
种—鉴赏—中国 Ⅳ . ① S685.13

中国版本图书馆 CIP 数据核字 (2022) 第 039205 号

策划、责任编辑：张华
出版发行　中国林业出版社
　　　　　（北京市西城区德内大街刘海胡同 7 号）
邮　　编　100009
电　　话　010-83143566
印　　刷　河北京平诚乾印刷有限公司
版　　次　2022 年 4 月第 1 版
印　　次　2022 年 4 月第 1 次
开　　本　710mm×1000mm　1/16
印　　张　10
字　　数　250 千字
定　　价　88.00 元

编著委员会

编著者

李际红

副编著者

刘会香　邢世岩　任　静　厉　峰　王锦楠

其他参加编写人员

张振田　孙增援　陈　荣　牛牧歌　刘翠双

孙茂桐　刘　源　关凌珊　王如月　王冬月

王雪菱　高铖铖　郭海丽　刘佳庚　侯丽丽

前　言

　　流苏树（*Chionanthus retusus* Lindl.et Paxt.）为木樨科（Oleaceae）流苏树属的一种落叶乔木，是国家二级保护植物，广泛分布于东亚，主要分布在中国、日本，朝鲜半岛有少量分布，是优良的园林绿化观赏树种。流苏树耐盐碱、抗旱、耐水涝、适应性强，含有黄酮类等多种有效成分，具有较高的综合利用价值。流苏树花期，满树繁花，如雪覆盖，清丽宜人，香气四溢，极为诱人。流苏树作为我国优良的乡土树种，具有极高的观赏价值、生态价值和科研价值等。流苏树花冠白色，常 4 深裂，基部紫色或绿色，花萼嫩绿色，花冠筒极短，花筒内包含着雄蕊或雄蕊和雌蕊。

　　流苏树作为优良的园林绿化观赏树种，其花、嫩叶可代茶；果实含油丰富，可作为木本油料植物；木材可制器具。目前对流苏树的研究主要集中在形态特征、园林绿化及繁殖技术等方面。而对于流苏树重要的观赏性状、花香和花形态的研究却相对较少。分布广、适应性强，使其具有丰富的遗传多样性，为其品种选育提供了物质基础。然而相对于其他优良的园林绿化观赏树种，流苏树研究相对滞后，为使其尽快进入人们视野，就近些年来我们团队及其他团队选育的流苏树新品种、良种及优良株系，依据其花型、叶型、叶色、树型、油用、速生及茶用等进行了形态指标调查，并依其花器官中的雌雄蕊及颜色特征，对其雄全异株进行了分类。

　　全书共收录了49个流苏树新品种、良种及优良株系，根据观赏性状和经济性状将其分为7类，对每一类的叶色变异、花型特征、果实特性进行了连年调查，在每一个新品种不同生长期，对其枝、芽、叶、花、果实等器官进行形态学观察，记载其主要特征，进行形态描述，在书中按照时间顺序进行编排。其中，花色指标是由 RHS 比色卡进行精确性比色。团队成员在其物候观察期间，采用高清晰的单反相机及体式显微拍摄了万余张照片，从中精心挑选了800余张作为本书图鉴。通过收录大量不同品种的差异性状，反映流苏树种内存在着丰富变异，为流苏树下一步的育种工作奠定了基础、贡献了一手的详细资料。

　　本书的编写，对促进流苏树的品种化势必起到积极的推动作用，为我国流苏树品种识别、鉴定及分类，流苏树种质资源保存与评价、良种选育，快繁、栽培及园林绿化、荒山造林等提供参考依据。本书也可以作为农林类院校及科研院所的专业参考书。

　　由于外业调查工作量大，时间跨度长，参与人员理解的差别，加之著者水平有限，书中难免存在纰漏之处，敬请读者批评指正。

李际红

2021年12月

目 录

第一章　总论

形态特征

流苏树（*Chionanthus retusus* Lindl. et Paxt.）为木樨科（Oleaceae）流苏树属（*Chionanthus*）植物。古老而珍稀，具有观赏、药用、材用、食用等功能。流苏树成年植株高大优美，初夏满树白花，如覆霜盖雪，花香清雅宜人，是著名的珍稀园林观赏植物；树皮、根和叶均可入药，是公认的药用经济树种；其材质坚重，可制器具、制细木工用；嫩叶和花可代茶饮，果实可榨工业用油。

落叶乔木，高达20m。小枝无毛，幼枝被柔毛。叶薄革质至革质，长3～12cm，全缘，幼树及萌枝的叶具细锯齿，侧脉3～5对，网脉凸起，叶柄长0.5～2cm，密被黄色卷曲柔毛。聚伞状圆锥花序顶生，长3～12cm，近无毛；花单性，或为两性花，花冠白色，4深裂，裂片线状倒披针形，长1.5～2.5cm，花冠筒长1.5～4mm，雄蕊藏于管内或稍伸出，花药长卵形，药隔突出；子房卵形，柱头球形，稍2裂。核果椭圆形，内果皮骨质，胚乳肉质，被白粉，熟时蓝黑色，长1～1.5cm。

历史和分布

流苏树栽培历史悠久，近百年、千年树龄的古树在我国的北京、河北、山东、河南、山西、江苏、安徽及云南等地均有分布，其中山东省淄博市淄川区峨庄乡土泉村有一株被誉为"山东之最""齐鲁树王"的流苏树。经专家考证，已经有上千年的历史，树形之大，树龄之长，被山东省林业厅命名为"齐鲁千年流苏树树王"。此外，其广泛分布于我国亚热带及温带地区，25°13′～38°51′E，98°30′～121°53′N，跨越辽宁、河北、山西、山东、河南、陕西、甘肃、四川、安徽、江苏、浙江、湖北、云南、广州、福建、北京、天津、台湾等地，韩国、朝鲜半岛、日本也有少量分布。集中分布在山东、河南、山西、湖北等中低纬度的山区丘陵地，推测我国中低纬度山区极有可能是流苏树的中心产区。流苏树在世界范围内呈间断分布，分布于海拔3300m以下的稀疏混交林或灌木丛以及林缘、灌丛、河边、石缝、砾石地等山地丘陵。

生长环境

国内流苏树自然分布广泛，包括温暖的东南沿海，相对干燥的西北地区，华北和东北高纬度地区；流苏树喜光，也较耐阴，耐寒又耐热，抗旱又耐涝，喜酸又耐盐，木质柔韧又坚硬，肉质根多却耐水湿。前期生长速度缓慢，寿命长，对土壤的要求不高，喜中性及微酸性土壤，在pH 8.7、含盐量0.2%的轻度盐碱土中都能正常生长；流苏树十分耐寒，能在−35℃的气候条件下安全越冬。同时具有极强的耐涝性，流苏树在轻度干旱（RWC 为 55%～60%）和水淹条件下生长不受影响，表现出良好的适应能力，在重度干旱胁迫下（SRWC为30%～35%）出现不耐受表现，但仍可以持续25d以上。流苏树的耐旱阈值在44.6%～57.1%，耐水淹阈值在20～35d。流苏树对水分胁迫具有极强的适应能力。在海拔3300m以下的稀疏混交林或灌木丛及低山丘陵向阳山坡、沟谷疏林、灌丛中生长。

▌生活史

何艳霞等在2017年报道了流苏树的花部特征及繁育系统，认为流苏树的雄花与两性花的雄蕊发育过程基本一致，均能产生功能花粉粒。两性花的两个心皮原基愈合分化形成雌蕊，雄花的两个心皮原基愈合后形成一个空室并停止发育至整体退化。雌蕊先熟，柱头可授期长，花粉在花药开裂后具有活力，室温下，活力维持在10%以上约2周。流苏树靠风和昆虫（主要是蓟马和食蚜蝇）传粉。控制授粉30d后，自然对照结实率为34.36%；两性花不存在无融合生殖现象，自交亲和，但自发自交的结实率仅10.70%；人工授粉下杂交结实率显著高于自交；有性生殖受到传粉者限制；是混合交配系统。证实流苏树是木樨科又一功能性的雄全异株，其依靠雄株增加异交花粉的数量和质量，避免自交衰退；同时两性花的自交亲和保障生殖成功。流苏树雄花的雌蕊退化，从另一个角度证明木樨科的雄全异株是两性株向雌雄异株进化的过渡状态。

流苏树种子形状不规则，有宽圆形、椭圆形、卵圆形、扁圆形，表面有棱。千粒重为

花的4个时期

243.70g，属于中粒种子，含水量为27.75%。成熟的流苏树种子由种皮、胚和胚乳三部分组成。种皮黄色，肉质胚乳，种胚被胚乳包裹、位于种子中部、白色。种子各部分所占比例，种皮占57.19%，胚乳占40.17%，胚占3%，种胚小，种皮厚。种子具有胚根和胚轴双休眠的习性，需要进行低温或变温层积处理，即胚根需要经过1～2个月或更长时间的20～30℃高温阶段才能打破休眠，而胚轴需要3～5℃低温1～3个月才能解除休眠。经层积处理，田间出苗率可达90%以上。早期生长缓慢。一年生实生苗高生长30～60cm；二年生苗高生长1.5～2.5m，地径生长1.0～1.5cm；5年生幼树高生长4.0～5.0m，胸径生长5.0～6.0cm。经嫁接的流苏树，有的当年就开花结实，2～3年进入产果盛期。

果实形态

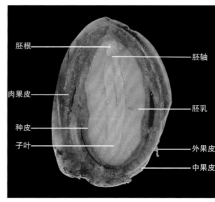
种仁结构

流苏树的应用价值

·绿化价值

流苏树适应性强，寿命长，成年树植株高大优美、枝叶繁茂，花期如雪覆盖，且花形纤细，秀丽可爱，气味芳香，是优良的园林观赏树种，不论点缀、群植、列植均具很好的观赏效果。既可于草坪中数株丛植，也宜于路旁、林缘、水畔、建筑物周围散植。流苏树前期生长缓慢，可培育不同高度不同类型的行道树、背景树。由于其根的独特性，还可以制作不同形态的盆景及嫁接桂花。

·食用价值

流苏树的小花含苞待放时，其外形、大小、颜色均与糯米相似，花和嫩叶又能泡茶，故也称作糯米花、糯米茶。流苏树的嫩芽、嫩叶被制成绿茶或红茶被广泛饮用，如河北承德"五福山岩茶"，经专业机构检测，其富含茶多酚、儿茶素、茶氨酸、黄酮、有机硒、连翘苷、维生素、无机元素（60余种）等营养成分，具有抗癌抗辐射、消脂降压、抑制心脑血管硬化、抗病毒抗氧化、提高免疫力、护肝利胆、延缓衰老、美容减肥、清热解毒、消炎去火、养心安神、强身健体等功效。流苏树种仁含油丰富，主要是油酸55.17%±0.61%，亚油酸32.58%±0.62%，流苏树种仁的脂肪酸组成大部分为不饱和脂肪酸，不饱和脂肪酸含量超过80%，其中单不饱和脂肪酸含量占55.51%±0.67%，多不饱和脂肪酸含量占33.00%±0.43%，而饱和脂肪酸含量仅占6.49%±0.12%；流苏树种仁中共含有7种甾醇，主要是谷甾醇（159.325±0.61mg/kg），占总甾醇66.68%。流苏树种仁维生素E构成，共含有4种生育酚，其中γ-生育酚最丰富（526.90±51.36μg/g），其次是α-生育酚（34.1±7.56μg/g）。流苏油具有一定的食用和药用价值，同时可榨芳香油，供工业用。

· 荒山造林

流苏树喜光又耐阴，耐寒又耐热，抗旱又耐涝，喜酸又耐盐，其寿命长、对土壤的要求不高，喜中性及微酸性土壤，在pH 8.7、含盐量0.2%的轻度盐碱土中都能正常生长；能在-35℃的气候条件下安全越冬。同时具有极强的耐涝性，流苏树在轻度干旱（RWC 为55%～60%）和水淹条件下生长不受影响，表现出良好的适应能力，是荒山绿化的理想树种。

栽植养护

· 播种育苗

流苏树宜春播，既可畦播也可垄播。采用平畦条播，可在畦内按15cm的行距开沟，沟深4～5cm，播种沟中按10～15cm株距点播；高垄播种，将催芽的种子按株距10～15cm点播于播种沟内，用细土盖种，轻轻压实，浇透水一次。播种量以 225～300kg/hm²为宜。幼苗高5cm时间苗及定苗，株距20～30cm，去除弱苗、病苗。苗木生长期间，及时松土、除草，人工除草为主，做到除早、除小。苗木旺盛生长期，每年施复合肥（N：P205：K20=15：15：15）75kg/hm²，2～3次，施后及时浇水。

· 嫁接育苗

采用插皮接、双舌接、劈接及芽接等方法进行嫁接育苗。嫁接成活后，对砧木及时剪切、除萌，直至不出萌条为止。当接穗新梢长到10cm以上时，应及时追肥，生长期内追肥以氮肥为主，秋季以磷、钾肥为主，最后一次追肥不得晚于8月中下旬，以防引起秋后徒长而木质化程度降低。生长季节及时采用人工方法清除杂草，做到除早、除小、除了。下雨后或灌溉后要及时松土。

· 扦插育苗

采集健壮的、无病虫害的当年生半木质化枝条为插穗。宜在4月下旬至5月中旬进行扦插。扦插后，空气相对湿度控制在70%～80%，基质温度在20～25℃、气温在26～32℃；春季，每隔20min喷雾一次，一次6s；夏季，每隔8～10min喷雾一次，每次6s；秋季同春季。夏季高温高湿时，夜间通风4次，每次5min。

每周常规喷雾消毒一次，采用广谱式杀菌剂，交替使用；每15d空气消毒一次；每10～15d用1000倍的广谱杀菌剂喷灌一次，灌透基质，直至生根。

· 苗木培育

株行距1m×1m，两年苗，1年生本砧，秋季9月芽接，第二年7月可苗木定干或培育原冠苗，苗木高度3m左右，地径1.0cm左右；株行距4m×4m，培育10～15cm流苏树；株行距5m×6m，培育20cm左右流苏树。

▎ 病虫害防治

流苏树病虫害比较少，幼苗期主要是立枯病、白粉病、叶斑病、猝倒病，预防措施是种子催芽前用50%多菌灵可湿性粉剂溶液浸种10min，或用0.5%高锰酸钾溶液浸种1～2h或喷施1：500（体积比）噁霉灵；幼苗期用甲基托布津喷施。叶斑病和溃疡病。定期喷洒50% 多菌灵可湿性粉剂600~800倍液进行预防或者波尔多液石灰半量式200～250倍液；发病时喷洒70%代锰森锌可湿性粉剂800倍液或70%甲基托布津可湿性粉剂800倍液，每隔5～7d喷洒一次，连续喷洒2~3次；染病较重或死亡苗木及时清除。

害虫蛴螬和蝼蛄可用50%对硫磷乳油拌麦麸撒于苗床防治或配制一定浓度的波尔多液或氧化乐果乳液等进行防治，效果较佳；按1kg/667m^{2}辛硫磷兑水配成0.1%溶液后灌根或用敌百虫0.1%溶液喷洒防治金龟子。

第二章

流苏树花型特异品种

品种：**雪漩**
Chionanthus retusus 'Xuexuan'

落叶乔木，全雄株。干型微弯，树冠倒卵球形，树皮灰褐色。当年生枝条斜展、绿色，小枝灰白色。叶椭圆形，革质，"V"形，先端钝圆，叶基楔形，全缘，幼叶浅绿色。花冠裂片线状倒披针形，螺旋状扭曲，呈麻花状，花冠半闭合。

'雪漩'花冠裂片螺旋状扭曲，花序密度中，叶片形态"V"形。'雪菱'花冠裂片平直，花序密度密，叶片形态"U"形。

螺旋状花蕾

螺旋状花序

品种来源：河南桐柏种源

花期：山东地区4月中下旬

花冠裂片姿态：螺旋状扭曲

花冠类型：半闭合

花冠裂片长、宽：长、中

花香：无

A.叶芽：黄绿色（N144D），叶背无被毛

B.幼叶：新生幼叶灰绿色（143D）

C.当年生枝条绿色（144B）被柔毛，小枝灰白色无毛（148C）

1cm

D.叶椭圆形，革质，"V"形，不嵌色，上面毛被无或近无，背面毛被稀，先端钝圆，叶基楔形，全缘

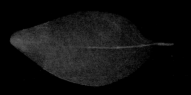
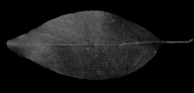

E.幼叶浅绿色（144A）

F.成熟叶深绿色（188A）

G.花蕾期

H.始花期

I.盛花期

J.末花期

花冠裂片基部浅紫色（186D）

花色白色（NN155D）

'雪璇'花序 ⊢———┐ 1mm

'雪璇'

'雪菱'

'雪璇'花冠裂片螺旋状扭曲，'雪菱'
花冠裂片平直

花被 花药 萼片

花的结构 ⊢———┐ 3mm

'雪璇'盛花期母株

'雪璇'花蕾期母株

'雪璇'秋季景观

品种：**雪玲珑**

Chionanthus retusus 'Xuelinglong'

　　落叶乔木，全雄株。干型弯曲，树冠卵球形，树皮灰褐色。当年生枝斜展、绿色，小枝灰褐色至灰白色。叶长椭圆形，革质，"V"形，先端钝尖，叶基楔形，全缘，幼叶黄绿色。花冠裂片短，裂片倒卵形，平直，花冠半闭合。

　　'雪玲珑'花冠半闭合，花冠裂片短，花冠裂片基部紫色。'春雪'花冠开展，花冠裂片中，花冠裂片基部绿色。'雪玲珑'花序密度密，叶片全缘，花冠裂片短。'瑞雪'花序密度中，叶缘具钝锯齿，花冠裂片中。

花冠半闭合

花冠裂片短

品种来源： 山东省泰安市泰山罗汉崖种源变异单株

花冠裂片姿态： 平直　　　　　　　**花期：** 山东地区4月中下旬

花冠裂片长、宽： 较短、中　　　　　**花冠类型：** 半闭合

A.叶芽：尖端浅紫红色（186A）

B.幼叶黄绿色（144B），新生新叶红褐色（175A）

C.小枝灰褐色（197B），
皮孔密度中

D.成熟叶：深绿色
（NN134A）

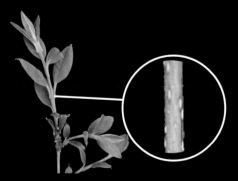

E.当年生枝斜展，皮孔稀，嫩枝绿色
（144C），被毛中，枝横截面圆形

F.整体形态：叶长椭圆形，革质，V形，不嵌色，
上面毛被无或近无，背面毛被稀，叶片均值长
6.87cm，均值宽3.35cm，先端钝尖，叶基楔形，全
缘，叶柄均值1.25cm，被毛，幼叶黄绿色（144B）

G.花蕾期

H.始花期

I.盛花期

J.末花期

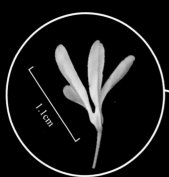

1.1cm

小花花色白色（NN155D）

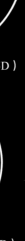

花冠裂片基部浅紫色（186D）

'雪玲珑'花序 ⊢———⊣1cm

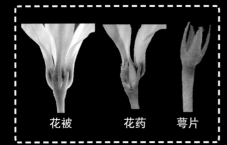

花被　　花药　　萼片

花的结构 ⊢———⊣3mm

'雪玲珑'花

'瑞雪'花

花冠半闭合，花冠裂片短，长1.1～1.5cm，宽0.25～0.38cm，花冠裂片基部紫色

'雪玲珑'盛花期母株

品种：**雪灯笼**
Chionanthus retusus 'Xuedenglong'

落叶乔木，全雄株。干型微弯，树冠卵球形，树皮灰褐色。当年生枝斜展、绿色，小枝灰褐色。叶卵圆形，革质，"V"形，先端钝尖，叶基楔形，全缘，幼叶紫红色。花序轴多轴，花冠裂片倒卵形，向内弯曲呈灯笼形，花冠半闭合。

'雪灯笼'花序密度密，花序轴多轴，花冠裂片向内弯曲。'雪璇'花序密度中。花序轴单轴，花冠裂片螺旋状扭曲。'瑞雪'花序密度中，叶缘具钝锯齿，花冠裂片平直。

花冠裂片向内弯曲

花序轴多轴

品种来源：山东农业大学树木园

花冠裂片姿态：向内弯曲

花冠裂片长、宽：中、中

花期：较早、山东地区4月中下旬

花冠类型：半闭合

花香：香

A.叶芽：黄绿色（141D），叶背无被毛

B.幼叶：新生幼叶紫红色（79D）

C.小枝灰褐色（201B）开裂无毛，当年生枝条绿色（144C）被柔毛

D.成熟叶,绿色（144B）

E.叶卵圆形，革质，V形，不嵌色，上面毛被无或近无，背面毛被稀，先端钝尖，叶基楔形，全缘

F.花蕾期

G.始花期

H.盛花期

I.末花期

小花呈灯笼形状，花色为白色（NN155D）

花萼色为浅紫色（186D）

'雪灯笼' 花序

└─────┘2cm

花被　　花药　　萼片

花的结构 └─────┘ 3mm

'雪灯笼' 花

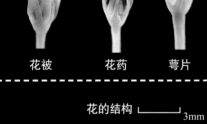

'雪璇' 花

'雪灯笼'盛花期母株

品种：**雪早花**

Chionanthus retusus 'Xuezaohua'

落叶乔木，以两性花为主。干型微弯，树冠圆柱形，树皮灰褐色。当年生枝斜展、绿色，小枝灰白色。叶椭圆形，薄革质，"V"形，先端钝圆，叶基楔形，叶缘具锐锯齿，幼叶黄绿色。花序轴单轴，花冠裂片线性倒披针形，平直，花冠开张。

'雪早花'花冠裂片姿态平直，花序轴单轴，以两性花为主。'雪灯笼'花冠裂片姿态为向内弯曲，花序轴多轴，为全雄花。'雪早花'叶片叶缘具锐锯齿，花序姿态平直，以两性花为主。'银雪'叶片叶缘为全缘，花序姿态下垂，为全雄花。

花冠裂片姿态平直

花序轴单轴

品种来源： 山东临沂市罗庄实生苗单株　　**花期：** 山东地区4月中下旬

花冠裂片姿态： 平直　　**花冠类型：** 开张

花冠裂片长、宽： 中、中　　**花香：** 清香

A：叶芽：尖端浅紫红色（186C）　　　　B.幼叶黄绿色（144C），新生幼叶红褐色（175A）

C.成熟叶：深绿色（NN134A）

└──┘3cm

D.树皮灰褐色，具条状不规则裂纹，疏生皮孔，小枝灰白色（190B），当年生枝条绿色（143B），被柔毛

E.整体形态：叶薄革质，绿色（143B），叶椭圆形，叶缘具锐锯齿，先端钝圆，基部楔形，叶脉明显，侧脉5～6对，叶面"V"型，叶柄绿色（NN137），叶脉、叶柄皆被柔毛

F.花蕾期

G.始花期

H.盛花期

I.末花期

花色白色（NN155D）

花冠裂片基部浅紫色（186D）

花序轴的第1、2个分枝处着生叶片，叶全缘。从种子苗到第一次开花结实时间短，为3年，当年开花时间早于对照品种5～7天

'雪早花'花序 |⟶| 1cm

'雪早花'花

'雪灯笼'花

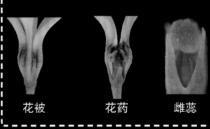

| 花被 | 花药 | 雌蕊 |

花的结构 |⟶| 3mm

'雪早花'盛花期

'雪早花'盛果期

品种：**雪清香**
Chionanthus retusus 'Xueqingxiang'

　　落叶乔木，全雄株。干型通直，树冠卵球形，树皮灰褐色。当年生枝斜展、绿色，小枝灰褐色。叶椭圆形或长椭圆形，革质，平展或近平展，先端钝圆，叶基楔形，全缘，幼叶紫红色。花序轴单轴，花冠裂片线性倒披针形，平直，花冠开张。

　　'雪清香'花序密度中，花序轴单轴，花序裂片姿态平直。'雪灯笼'花序密度密，花序轴多轴，花序裂片姿态向内弯曲。'雪清香'幼叶颜色紫红色，花冠裂片长且宽，花冠裂片基部紫色。'春雪'幼叶颜色绿色，花冠裂片中，花冠裂片基部绿色。

花冠开张

花序密度中

品种来源：湖北安陆市古树种质　　　　**花期：**山东地区4月下旬

花冠裂片姿态：平直　　　　　　　　　**花冠类型：**开张

花冠裂片长、宽：长、宽　　　　　　　**花香：**浓香

B.幼叶初期：新生幼叶紫红色（N144C）

A.叶芽：顶端浅紫红色（186B），叶背被毛

C.成熟叶，叶面螺旋，绿色（141C）

D.小枝灰褐色（152D）无毛，当年生枝条绿
色（144A）被柔毛

E.叶革质，椭圆形或长椭圆形，叶全缘，叶柄
基部紫色，叶片先端钝圆，基部楔形，叶脉明
显，2～4对，叶脉、叶柄皆有毛

F.花蕾期　　　G.始花期　　　H.盛花期　　　I.末花期

2.9cm

花冠裂片平直，花色白色（NN155D）

花冠裂片基部浅紫色（186D）

'雪清香'花序 ⊢──────┤ 3cm

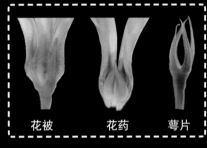

花被　　　花药　　　萼片

花的结构 ⊢──────┤ 3mm

'雪清香'花

'雪灯笼'花

'雪清香'花序密度中，花序轴单轴，花序裂片姿态平直。'雪灯笼'花序密度密，花序轴多轴，花序裂片姿态向内弯曲

'雪清香'母株盛花期

品种：**雪绒球**
Chionanthus retusus 'Xuerongqiu'

　　落叶乔木，全雄株。干型微弯，树冠倒卵球形，树皮灰褐色。当年生枝斜展，绿色，小枝灰白色。叶椭圆形，薄革质，平展或近平展，先端钝圆，叶基宽楔形，全缘，幼叶黄绿色。花序轴单轴，小花数量多，花冠裂片线性倒披针形，平直，花冠开张。

　　'雪绒球'小花数量多，均值45.4个，花冠裂片姿态平直，花序轴单轴。'雪灯笼'小花数量中，均值32.5个，花冠裂片姿态向内弯曲，花序轴多轴。

花冠裂片姿态平直

小花数量多

品种来源：山东泰安市泰山种源　　　　**花期：**山东地区4月下旬

花冠裂片姿态：平直　　　　　　　　　**花冠类型：**开张

花冠裂片长、宽：中、中　　　　　　　**花香：**无

A.叶芽：顶端浅紫红色（186B），叶背被毛

B.幼叶：新生幼叶黄绿色（144C）

C.小枝灰白色（197C），当年生枝斜展，皮孔
密度中，嫩枝绿色（N144A），被毛中

D.成熟叶深绿色（146B）

2cm

E.叶椭圆形，薄革质，平展或近平展，不嵌色，
上面毛被无或近无，背面毛被稀，先端钝圆，
叶基宽楔形，全缘

F.花蕾期　　　　　G.始花期　　　　　H.盛花期　　　　　I.末花期

花冠裂片基部灰紫红色（N77B）

花冠裂片长，花冠裂
片平直，花色白色
（NN155D）

'雪绒球'花序 ├───┤ 1cm

花被　　　　花药　　　　萼片

花的结构 ├───┤ 3mm

'雪绒球'花　　　　　'雪灯笼'花

'雪绒球'盛花期母株

品种：**银针**
Chionanthus retusus 'Yinzhen'

落叶乔木，全雄株。干型微弯，树冠倒卵球形，树皮灰褐色。当年生枝斜展、绿色，小枝黄褐色。叶椭圆形，革质，平展，先端钝圆，叶基楔形，全缘，幼叶黄绿色。花序轴单轴，小花数量多，花冠裂片线性倒披针形，平直，花冠半开张。

'银针'小花数量多，花冠裂片长，长宽比8.51，幼叶先端锐尖。'雪玲珑'小花数量少，花冠裂片短，长宽比3.14，幼叶先端渐尖。

小花数量多

花冠裂片长

品种来源：山东省泰山罗汉崖实生单株　　**花期：**山东地区4月下旬至5月上旬

花冠裂片姿态：平直　　　　　　　　　　**花冠类型：**半开张

花冠裂片长、宽：中、窄　　　　　　　　**花香：**无

A.幼叶黄绿色（144C）

D.叶：叶革质，绿色（143B），椭圆形，叶全缘，先端钝圆，基部楔形，叶脉明显，侧脉5～6对，叶面平展，叶柄黄绿色（N144B），叶脉、叶柄皆被柔毛

B.花裂片颜色：白色（155A）└────┘3cm

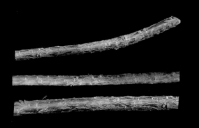

C.小枝：黄褐色（153D），纵向开裂 '银针'花 '雪玲珑'花

'银针'盛花期母株

品种：**静雪**

Chionanthus retusus 'Jingxue'

　　落叶乔木，以两性花为主。干型微弯，树冠倒卵球形，树皮灰绿色。当年生枝斜展、绿色，小枝灰白色。叶阔椭圆形，革质，平展或近平展，先端钝圆，叶基宽楔形，全缘，幼叶黄绿色。花序轴单轴，花冠裂片线性倒披针形，向内弯曲，花冠闭合。

　　'静雪'花冠裂片向内弯曲，花冠闭合，花序轴单轴，以两性花为主。'雪灯笼'花冠裂片向内弯曲，花冠半闭合，花序轴多轴，全雄株。

叶片阔椭圆形

花冠裂片向内弯曲

品种来源： 山东省沂蒙桂花园实生单株

花期： 山东地区4月下旬至5月上旬

花冠裂片姿态： 向内弯曲

花冠类型： 闭合

花冠裂片长、宽： 长、宽

花香： 清香

'静雪'盛花期

品种：**雪菱**

Chionanthus retusus 'Xueling'

　　落叶乔木，全雄株。干型直立，树冠卵球形，树皮棕褐色。当年生枝斜展、绿色，小枝棕褐色。叶椭圆形，薄革质，"U"形，先端钝圆，叶基宽楔形，全缘，幼叶黄绿色。花序轴单轴，小花数量多，花冠裂片线性倒披针形，平直，花冠开张。

　　'雪菱'花序小花数量多，平均51个，花序轴单轴，叶片形态"U"形。'雪灯笼'花序小花数量中，平均37朵，花序轴多轴，叶片形态平展或近平展。

小花数量多

花序轴主轴明显

株系来源：山东济南市莱钢区古树

花冠裂片姿态：平直

花冠裂片长、宽：中、中

花期：山东地区4月下旬

花冠类型：开张

花香：无

A.叶芽：强黄绿色（138C），叶背被毛，叶先端浅紫红色（185D）

B.幼叶：新生幼叶强黄绿色（138B）

C.小枝棕褐色（197B），皮孔密度中

D.当年生枝条绿色（141D），有被毛

E.叶椭圆形，薄革质，U形，不嵌色，上面毛被无或近无，背面毛被中，先端钝圆，叶基宽楔形，全缘

1cm

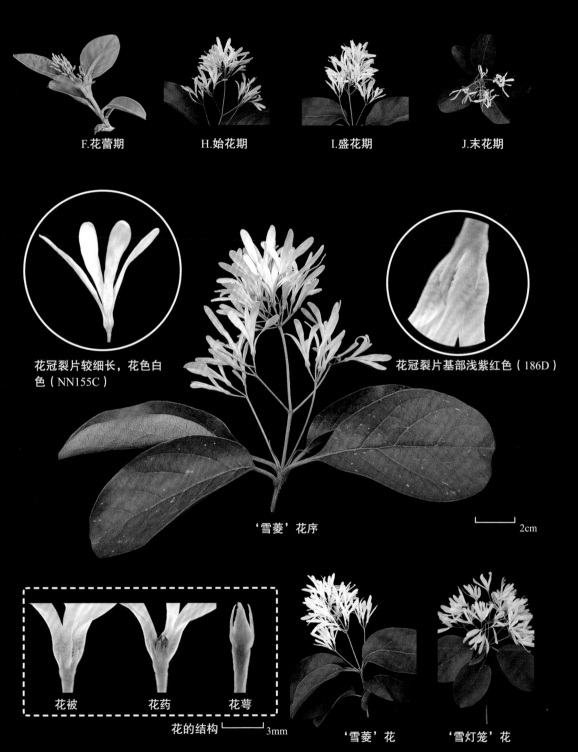

F.花蕾期　　　H.始花期　　　I.盛花期　　　J.末花期

花冠裂片较细长，花色白色（NN155C）

花冠裂片基部浅紫红色（186D）

'雪菱'花序

2cm

花被　　　花药　　　花萼

花的结构 3mm

'雪菱'花　　　'雪灯笼'花

'雪菱'母株

品种：雪玉

Chionanthus retusus 'Xueyu'

　　落叶乔木，以两性花为主。当年生枝斜展、中绿色。叶椭圆形或宽椭圆形，厚纸质，"U"形，先端钝圆，叶基宽楔形，钝锯齿，幼叶中绿色。花序轴单轴，花清香，花冠裂片线性倒披针形，平直。果实椭球形，结实量多。始花期早，花期中，花持续时间长，落叶期中。

　　'雪玉'叶片"U"形，厚纸质，果实椭球形。'雪籽'叶片平展或近平展，革质，果实近球形。

聚伞状圆锥花序

叶片宽椭圆形

品种来源： 山东沂水县武家洼变异单株　　　**幼叶颜色：** 中绿色

叶片质地： 厚纸质　　　**叶片形态：** "U"形

花冠裂片姿态： 平直　　　**花冠类型：** 开张

花冠裂片长、宽： 较短、中　　　**花香：** 清香

A.幼叶：新生幼叶中绿色（143C）

2cm

B.当年生枝斜展，皮孔密度稀，嫩枝中绿色（N144D），被毛密

D.叶椭圆形或宽椭圆形，厚纸质，"U"形，不嵌色，上面毛被无或近无，背面毛被密；先端钝圆，叶基宽楔形，钝锯齿，被毛

C.成熟叶：绿色（143A）

'雪玉'叶片

'雪灯笼'叶片

E.花蕾期

F.始花期

G.盛花期

H.末花期

小花裂片细长，花色为白色
（NN155D），小花裂片基部为浅
紫色（N77B）

'雪玉'花序 ┠────┨ 1cm

'雪玉'花

'雪灯笼'花

花被　　　花药　　　雌蕊

花的结构 ┠────┨ 3mm

品种：银雪

Chionanthus retusus 'Yinxue'

　　落叶乔木，全雄株。干型通直，树冠窄卵球形，树皮灰褐色。当年生枝斜展、绿色。叶长椭圆形，厚纸质，平展或近平展，先端钝尖，叶基楔形，全缘，幼叶黄绿色。花序轴单轴，花序下垂，花冠裂片姿态扭曲，基部浅紫色，无花香。萌芽期晚，花期晚，开花持续期中，落叶期中。

　　'银雪'幼叶黄绿色，花序下垂，小花数量多。'雪玉'幼叶绿色，花序直立，小花数量少。

聚伞状圆锥花序

叶片宽椭圆形

品种来源：山东沂水县武家洼变异单株　　　**幼叶颜色：**黄绿色

叶片质地：厚纸质　　　**叶片形态：**平展或近平展

花冠裂片姿态：扭曲　　　**花冠类型：**开张

花冠裂片长、宽：中、中　　　**花香：**无

品种 **白雪**
Chionanthus retusus 'Baixue'

　　落叶乔木，全雄株。干型通直，树冠卵球形，树皮棕色。当年生枝斜展、绿色。叶卵形，革质，"V"形，叶片上面毛被无或近无，背面毛被稀，先端钝圆，叶基宽楔形，全缘，幼叶中绿色。花序轴单轴，花冠裂片线性倒披针形、平直、基部白色，无花香。萌芽期中，花期中，落叶期中。

　　'白雪'当年生枝绿色，幼叶中绿色，无花香。'瑞雪'当年生枝红褐色，幼叶浅红褐色，有花香。'白雪'叶片背面被毛稀，小花数量中。'雪玉'叶片被毛密，小花数量少。

叶片卵形

聚伞状圆锥花序

品种来源： 山东省临沂市沂水县武家洼变异单株　　**幼叶颜色：** 中绿色

叶片质地： 革质　　**叶片形态：** "V"形

花冠裂片姿态： 平直　　**花冠类型：** 开张

花冠裂片长、宽： 中、中　　**花香：** 无

品种：**瑞雪**
Chionanthus retusus 'Ruixue'

　　落叶乔木，全雄株。干型通直，树冠卵球形，树皮灰褐色。当年生枝斜展、红褐色。叶卵形，厚纸质，平展或近平展，叶片上面毛被无或近无，背面毛被稀，先端钝尖，叶基楔形，叶缘具钝锯齿，幼叶浅红褐色。花序轴单轴，小花数量多，花冠裂片平直、基部浅紫色，花香浓郁。萌芽期中，花期中，开花持续期中，落叶期中。

　　'瑞雪'当年生枝红褐色，幼叶浅红褐色，有花香。'雪花'当年生枝绿色，幼叶中绿色，无花香。'瑞雪'叶片背面被毛稀，小花数量多，叶缘具钝锯齿。'雪玉'叶片背面被毛密，小花数量少，叶全缘。

聚伞状圆锥花序

叶片宽椭圆形

品种来源： 山东沂水县武家洼变异单株　　**幼叶颜色：** 浅红褐色

叶片质地： 厚纸质　　**叶缘：** 钝锯齿

花冠裂片姿态： 平直　　**花冠类型：** 开张

花冠裂片长、宽： 较短、中　　**花香：** 浓郁

第三章

流苏树叶型特异品种

品种: **茂苏**
Chionanthus retusus 'Maosu'

落叶乔木，全雄株。干型微弯，树冠伞形，主枝伸展姿态下垂，树皮灰褐色。当年生枝下垂、黄绿色，小枝黄褐色。叶长椭圆形，革质，叶片长均值11.4cm，宽均值4.2cm，长宽比2.7，叶片先端扭曲，渐尖，叶基楔形，全缘，幼叶黄绿色。花序轴单轴，花冠裂片细长，平直，花清香。

'茂苏'叶长椭圆形，叶片先端扭曲，花冠裂片细长。'雪丽'叶椭圆形，叶面泡状突起，花冠裂片宽大。'茂苏'叶长椭圆形，叶片先端扭曲，先端渐尖。'卷叶流苏'叶椭圆形，叶片向外反卷，先端钝圆。

叶片长椭圆形

花冠裂片细长

品种来源: 陕西省宝鸡市鹦鸽镇寺院村实生苗单株

叶片形态: 先端扭曲 　　　　　　**叶片形状:** 长椭圆形

叶基部: 楔形 　　　　　　　　　**花冠裂片长、宽:** 长、窄

新叶颜色: 黄绿色 　　　　　　　**主枝伸展姿态:** 下垂

A.叶芽：黄绿色（141C），叶背有毛

B.幼叶：新生幼叶黄绿色（141D）

C.小枝黄褐色（197C），密被皮孔；
当年生枝条黄绿色（141C），无被毛

D.成熟叶，绿色（137B）

E. 叶长椭圆形，革质，上面毛被无或近无，背面毛
被稀，先端扭曲，先端渐尖，叶基楔形，全缘

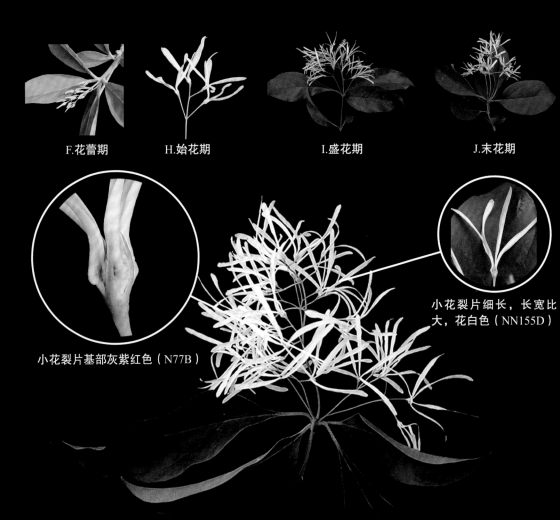

F.花蕾期　　　　H.始花期　　　　I.盛花期　　　　J.末花期

小花裂片基部灰紫红色（N77B）

小花裂片细长，长宽比大，花白色（NN155D）

'茂苏'花序

1cm

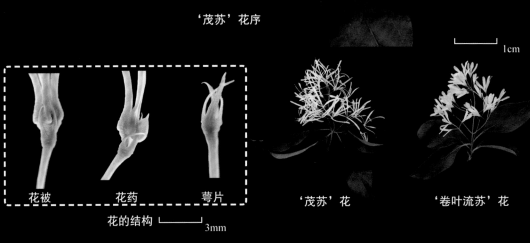

花被　　　　花药　　　　萼片

花的结构 ├──┤ 3mm

'茂苏'花　　　　'卷叶流苏'花

'茂苏'叶形态

'茂苏'花形态

品种：**卷叶流苏**

Chionanthus retusus 'Juanyeliusu'

　　落叶乔木，以两性花为主。当年生枝条斜展、绿色，小枝条灰白色、开展。叶椭圆形，先端钝圆，基部楔形，新叶黄绿色，薄革质，叶片向外稍反卷，老叶深绿色，革质，向外反卷明显，叶面"V"形，全缘。花序轴单轴，花冠裂片线状倒披针形。果实椭球形，被白粉，黑色或蓝黑色。

　　'卷叶流苏'新叶黄绿色，薄革质，叶片向外稍反卷，老叶深绿色，革质，向外反卷明显。'雪玲珑'新叶绿色，老叶深绿色，革质，"V"形。

叶片向外反卷

聚伞状圆锥花序

品种来源：山东省临沂市罗庄实生苗单株

叶片形态：向外反卷　　　　　　　**叶片形状：**椭圆形

叶基部：楔形　　　　　　　　　　**花冠裂片长、宽：**中、中

果实形状：椭球形　　　　　　　　**幼叶颜色：**黄绿色

C.幼叶后期：春季叶片浅绿色（141C），薄革质，叶片向外稍反卷

A.叶芽：顶端浅紫红色（186D），叶背被毛

B.幼叶初期：新生幼叶黄绿色（144C）叶椭圆形，先端钝圆，基部楔形

D.成熟叶为深绿色（146B）

1cm

E.小枝条灰白色（197D）圆柱形，开展，无毛；当年生枝条绿色（144D），被柔毛

F.叶全缘，夏秋季叶片变为深绿色，叶片变厚，革质，向外反卷明显，侧脉4～5对，叶面"V"形

G.花蕾期　　　　　H.始花期　　　　　I.盛花期　　　　　J.末花期

小花白色（NN155D）

花冠裂片基部浅紫色（186D）

'卷叶流苏'花序 ⊢————⊣1cm

花被　　　　花药　　　　萼片

花的结构 ⊢————⊣3mm

'卷叶流苏'花　　　　'雪玲珑'花

'卷叶流苏'新叶黄绿色，薄革质，叶片向外稍
反卷；老叶深绿色，革质，向外反卷明显

'卷叶流苏'母株

母株叶形态

品种：**梭叶苏**
Chionanthus retusus 'Suoyesu'

　　落叶乔木，以两性花为主。干型微弯，树冠窄卵球形，主枝伸展姿态半开张，树皮灰褐色。当年生枝斜展、绿色，小枝灰褐色。叶倒披针形，革质，平展或近平展，叶片长均值9.23cm，宽均值3.84cm，长宽比2.4，先端钝圆，叶基窄楔形，全缘，幼叶黄色带紫红锈斑，叶脉及叶缘呈现紫红色。

　　'梭叶苏'叶片基部形状楔形，叶长椭圆形，幼叶黄色带紫红锈斑。'雪灯笼'叶基部宽楔形，叶阔椭圆形，幼叶紫红色。

倒披针形叶片

聚伞形圆锥花序

品种来源： 山东省临沂市沂蒙桂花园苗木基地变异单株

叶片形态： 平展或近平展　　　　　　　　**叶片形状：** 倒披针形

叶基部： 窄楔形　　　　　　　　　　　　**花冠裂片长、宽：** 长、宽

A.叶芽：黄绿色（141C），叶背被毛，叶先端浅紫红色（186D）

B.幼叶：幼叶黄色（152D）带紫红色锈斑（186D）

C.小枝灰褐色（197C），皮孔密度稀；当年生枝条绿色（141C），有被毛

E.叶倒披针形，革质，平展或近平展，叶片长均值为9.23cm，宽均值为3.84cm，长宽比为2.4，先端钝圆，叶基窄楔形，全缘

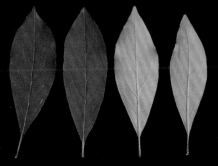

D.成熟叶，黄绿色（138A）

'梭叶苏'叶

'雪灯笼'叶

F.花蕾期　　　　　　H.始花期　　　　　　I.盛花期　　　　　　J.末花期

3cm

花冠裂片长，花冠裂片基部紫色（186A），花冠裂片姿态平直，为两性花

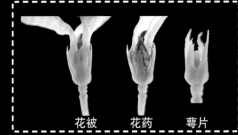

'梭叶苏'花　　　　　　'茂苏'花

花被　花药　萼片

花的结构 ├────┤ 3mm

'梭叶苏'盛花期母株

品种: **铜钱**

Chionanthus retusus 'Tongqian'

落叶乔木，以两性花为主。干型微弯，树冠圆柱形，树皮灰褐色。当年生枝斜展、绿色，小枝灰褐色。叶卵形，薄革质，叶片极小，长17～23mm，宽14～19mm，先端钝圆，基部宽楔形或楔形，全缘，幼叶黄绿色。花序轴单轴，花冠裂片平直。果椭圆形，被白粉，呈黑色或蓝黑色。

'铜钱'叶片卵形，且叶片极小，长均值20mm，宽均值16mm，叶平展或近平展；'雪灯笼'叶片卵圆形，长均值50mm，宽均值32mm，叶"V"形。

有花无叶状态

叶片卵形

品种来源： 江苏省宿迁市马陵公园古树

叶片形态： 平展或近平展　　　　　**叶片形状：** 卵形

叶基部： 宽楔形或楔形　　　　　　**叶片长、宽：** 短、窄

A. 叶芽：中黄绿色（147D）叶背被毛，叶先端
浅紫红色（186D）

B. 幼叶：幼叶黄绿色（152D）带紫红色锈斑

C. 小枝灰褐色（197C），皮
孔密度稀

D. 成熟叶，中等黄绿（138A）

2cm

2cm

E. 叶卵形，薄革质，叶片极小，长17～23mm，宽14～19mm，先端钝圆，
基部宽楔形或楔形，全缘

'铜钱' 盛花期母株

品种：扭叶流苏

Chionanthus retusus 'Niuyeliusu'

落叶灌木，以两性花为主。树冠倒卵球形。当年生枝斜展。叶长椭圆形，薄革质，螺旋状扭曲，成熟叶深绿色。浓密而扭曲的双色相间的叶片布满树冠。聚伞状圆锥花序，花冠白色，花冠裂片呈线状倒披针形，全株如雪花披被，洁白清新，芳香四溢。

'扭叶流苏'树冠倒卵球形，当年生枝斜展，叶片螺旋状扭曲。'雪月'树冠伞形，当年生枝下垂，叶缘波浪状起伏。

叶片螺旋状扭曲（引自石雷，2004）

核果卵球形（引自张会金，2004）

品种来源： 中国科学院植物所植物园实生苗

叶片形态： 螺旋状扭曲

叶型： 长椭圆形

树冠花量： 特多

花香： 浓郁

第四章

流苏树叶色特异品种

品种：**源金**
Chionanthus retusus 'Yuanjin'

落叶乔木。干型微弯，树冠卵球形，主枝伸展姿态半开张，树皮灰褐色。当年生枝斜展、黄绿色，皮孔密度稀。叶长椭圆形，革质，反卷，网状脉细纹状下陷，叶面粗糙，叶片长均值9.66cm，宽均值3.78cm，长宽比2.55，先端渐尖，叶基楔形，全缘。新叶金黄色，持续30～40d，老叶绿色。

'源金'新叶金黄色，叶片反卷，叶脉细纹状下陷，叶面粗糙。'雪灯笼'新叶黄绿色，叶片平展或近平展，叶脉不下陷，叶面光滑。

新叶金黄色

叶片长椭圆形

品种来源： 临沂市兰山区天龙桂花苗木基地变异单株

叶片形态： 幼叶平展、老叶反卷 　　**新叶颜色：** 金黄色

叶片形状： 长椭圆形 　　**当年生枝颜色：** 黄绿色

叶缘： 全缘 　　**叶色持续时间：** 30～40d

A.幼叶：新生幼叶金黄色（160B）

B.树皮灰褐色（156B），皮孔密度稀；当年生枝条黄绿色（141C），有被毛

2cm

E. 叶长椭圆形，革质，反卷，网状脉细纹状下陷，叶面粗糙，不嵌色，上面毛被无或近无，背面毛被稀，先端渐尖，叶基楔形，全缘

C.幼叶后期，黄绿色（152D）

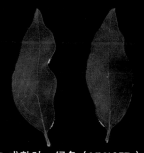

D.成熟叶，绿色（NN137B）

'源金'叶片

'雪灯笼'叶片

'源金'母株

品种：**迁金**

Chionanthus retusus 'Qianjin'

　　落叶乔木。干型微弯，树冠卵球形，主枝伸展姿态半开张，分枝密度中，树皮灰褐色。当年生枝半开张、红褐色。新叶阔椭圆形，薄革质，叶缘波浪状起伏，具锐锯齿，叶片长均值10.43cm，宽均值6.24cm，叶片的长宽比均值1.67，先端渐尖，叶基楔形，叶初期红褐色，后转为金黄色，持续30～40d，老叶黄绿色。

　　'迁金'新叶初期红褐色后转为金黄色，叶缘波浪状起伏。'雪早花'新叶黄绿色，叶片平展或近平展。

叶片阔椭圆形

叶缘锐锯齿

品种来源： 江苏省宿迁市沭阳县夏庄流苏树苗木基地变异单株

叶片形态： 叶缘波浪状起伏　　　　　　　**叶片颜色：** 新叶红褐色转为金黄色

叶片形状： 阔椭圆形　　　　　　　　　　**当年生枝颜色：** 红褐色

叶缘： 紫色、锐锯齿　　　　　　　　　　**叶色持续时间：** 30～40d

A.当年生枝嫩枝颜色红褐色（181C），被毛稀

B.幼叶，叶柄红褐色（181C），幼叶金黄色（N144）。先端渐尖，叶基楔形

D.叶椭圆形，薄革质，叶缘紫色（181B），叶缘锐锯齿，叶柄被毛，叶柄红褐色（181C），幼叶初期红褐色（181B）。先端渐尖，叶基楔形

|— 2cm

C.成熟叶，黄绿色（137B），叶缘波浪状起伏

'迁金'叶片

'雪早花'叶片

'迁金'母株

品种：**博金**
Chionanthus retusus 'Bojin'

　　落叶乔木。干型通直，树冠卵球形，主枝伸展姿态半开张，分枝密度密，树皮灰白色。当年生枝斜展、绿色，小枝灰棕色。叶阔椭圆形，薄革质，反卷，叶片薄壁组织较叶脉生长快，致叶面具向上突起，叶片长均值6.81cm，宽均值4.59cm，叶片的长宽比均1.49；先端钝圆，叶基楔形，叶缘锐锯齿，新叶金黄色，持续30余天，老叶绿色。

　　'博金'当年生枝黄绿色，老叶反卷，叶面具向上突起。'迁金'当年生枝红褐色，老叶叶缘波浪状起伏，叶面平滑。

叶片阔椭圆形

新叶金黄色

品种来源：淄博市博山区绿博园林苗木基地变异单株

叶片形态：反卷　　　**新叶颜色：**金黄色　　　**叶缘：**锐锯齿

当年生枝颜色：绿色　　　**叶片形状：**阔椭圆形　　　**叶色持续时间：**持续30余天

A.幼叶金黄色（160A），叶柄为绿色（138B）

B.小枝灰棕色（197D），皮孔密度稀当年生枝绿色（137B），被毛稀

D.叶椭圆形，薄革质，反卷，先端钝圆，叶基楔形，叶缘锐锯齿

C.成熟叶，绿色（135C），叶脉下陷，叶片向上突起

'博金'叶片

'雪灯笼'叶片

品种：**嘉金**
Chionanthus retusus 'Jiajin'

  落叶乔木。干型微弯，树冠倒卵球形，主枝伸展姿态半开张，树皮灰褐色，有开裂。当年生枝斜展、黄绿色，皮空密度中，被毛中。叶阔椭圆形，老叶革质，平展或近平展，叶片长均值10.2cm，宽均值6.7cm，长宽比1.52，先端钝圆，叶基楔形，全缘，新叶金黄色，且持续30d左右。

  '嘉金'叶片全缘，平展或近平展，当年生枝黄绿色。'迁金'叶缘具锐锯齿，叶缘波浪状扭曲，当年生枝红褐色。

新叶金黄色

叶片阔椭圆形

品种来源：济宁市嘉祥国有林场苗木培育基地变异单株

叶片形态：平展或近平展   **叶片颜色：**金黄色

叶片形状：阔椭圆形   **当年生枝颜色：**黄绿色

叶缘：全缘   **叶色持续时间：**30d左右

A.幼叶：新生幼叶金黄色（153C）

D成熟前叶，深黄绿色（143A）

B.当年生枝颜色黄绿色（143B）

C.成熟叶，深黄绿色（143A）

E.叶阔椭圆形，老叶革质，平展或近平展，
不嵌色，上面毛被无或近无，背面毛被稀，
先端钝圆，叶基楔形

2cm

品种：**祥金**
Chionanthus retusus 'Xiangjin'

　　落叶乔木。干型微弯，树冠倒卵形，树皮灰褐色。当年生枝斜展、绿色。叶阔椭圆形，革质，叶缘波浪状起伏，叶脉下陷，叶片长均值7.3cm，宽均值4.2cm，长宽比1.74，先端渐尖，叶基楔形，锐锯齿，新叶金黄色，且持续30d左右，老叶黄绿色。

　　'祥金'新叶金黄色，叶片阔椭圆形，叶缘波浪状起伏。'雪早花'新叶黄绿色，叶椭圆形，平展或近平展。'祥金'老叶绿色，叶片阔椭圆形。'泰金'老叶浅黄色，叶片椭圆形。

新叶金黄色

叶片阔椭圆形

品种来源： 济宁市嘉祥国有林场苗木培育基地变异单株

叶片形态： 叶缘波浪状起伏　　　　**新叶颜色：** 金黄色

叶片形状： 阔椭圆形　　　　　　　**当年生枝颜色：** 绿色

叶缘： 锐锯齿　　　　　　　　　　**叶色持续时间：** 30d左右

A.叶芽：尖端红褐色（177B）

B.幼叶金黄色（144C）

C.当年生枝斜展，绿色（141C），
皮孔中，被毛稀

D.成熟叶：深绿色（NN134A），
幼叶全缘，成熟叶有锯齿

‘祥金’   ‘雪早花’

├──┤1cm

E.整体形态：叶片阔椭圆形，革质，叶缘波浪状起
伏，先端渐尖，叶基楔形，叶缘具锐锯齿

品种：**豪金**

Chionanthus retusus 'Haojin'

落叶乔木。干型微弯，主枝伸展姿态半开张，树皮灰褐色。当年生枝斜展、绿色，小枝黄褐色。叶长椭圆形，厚革质，平展或近平展，叶片狭长，叶长均值5.53cm，叶宽 均值1.83cm，叶片长宽比均值3.02，先端渐尖，叶基窄楔形，叶缘皱波状且具锐锯齿，新叶金黄色，持续30～40d，成熟叶深绿色。

'豪金'叶片长椭圆形，平展或近平展，叶缘皱波状。'博金'叶片阔椭圆形，叶片反卷，叶缘具锐锯齿。

叶缘皱波状

新叶金黄色

品种来源：泰安市东昊园林苗木基地变异单株

叶缘：皱波状且锐锯齿　　　　　　**新叶颜色：**金黄色

叶片形状：长椭圆形　　　　　　　**当年生枝颜色：**绿色

叶片形态：平展或近平展　　　　　**叶色持续时间：**30～40d

A.幼叶：新生幼叶金黄色（N144A）

C.成熟叶，深黄绿色（141A），长椭圆形，叶缘皱波状、具锐锯齿

B.小枝黄褐色（165C），皮孔密度稀；当年生枝条绿色（143C），被毛稀

2cm

'豪金'　　　'雪月'

D.叶长椭圆形，厚革质，不嵌色，上面毛被无或近无，背面毛被稀，先端渐尖，叶基窄楔形，叶缘皱波状且具锐锯齿

品种：**泰金**
Chionanthus retusus 'Taijin'

落叶乔木。当年生枝斜展、黄褐色，被毛稀，枝横截面圆形。叶椭圆形，薄革质，平展或近平展，叶片长均值6.11cm，宽均值3.74cm，叶片的长宽比均值1.63；先端渐尖，叶基宽楔形，叶缘锐锯齿，紫红色，新叶金黄色，持续40～60d。

'泰金'新叶金黄色持续时间60d，叶缘具锐锯齿。'嘉金'新叶金黄色持续30d左右，叶全缘。'泰金'新叶金黄色，叶片平展或近平展；'雪早花'新叶绿色，叶片"U"形。

叶缘具锐锯齿

叶片椭圆形

品种来源： 泰安市山东农业大学流苏苗木培育基地变异单株

叶片形态： 平展或近平展　　　　　　**新叶颜色：** 金黄色

叶片形状： 椭圆形　　　　　　　　　**当年生枝颜色：** 黄褐色

叶缘： 锐锯齿　　　　　　　　　　　**叶色持续时间：** 40～60d

A.幼叶：新生幼叶金黄色（141D）

D.叶脉紫红色（184A），叶缘锐锯齿叶柄短

B.当年生枝条黄褐色（137B），被毛稀

C.成熟叶，深黄白色（155A）

E.叶椭圆形，薄革质，平展或近平展，不嵌色，上面毛被无或近无，背面毛被稀，先端渐尖，叶基宽楔形，锐锯齿

品种： **翠枝**

Chionanthus retusus 'Cuizhi'

　　落叶乔木。干型微弯，树冠倒卵球形，主枝伸展姿态半开张，树皮灰褐色。当年生枝斜展、黄色。叶长椭圆形，革质，"V"形，叶片较小，叶长均值6.21cm，叶宽均值2.51cm，长宽比2.47，先端急尖，叶基楔形，全缘，新叶黄色，老叶黄绿色，交互对生叶未扭转到同一平面，交错排列。

　　'翠枝'新叶黄色，叶先端急尖，当年生枝黄色。'雪璇'新叶黄绿色，叶先端钝圆，当年生枝黄绿色。

叶片交互对生

当年生枝黄色

品种来源： 肥城市汶阳镇东昊园林工程有限公司苗木基地特异单株

新叶颜色： 黄色　　**叶色排列：** 交互对生交错排列　　**当年生枝颜色：** 黄色

叶片形态： "V"形　　**叶缘：** 全缘　　　　　　　　**叶片形状：** 长椭圆形

A.幼叶：新生幼叶黄色（141D）

B.当年生枝条黄色（165C），被毛稀

4cm

E.叶长椭圆形，革质，"V"形，不嵌色，上面毛被无或近无，背面毛被稀，叶片较小，先端急尖，叶基楔形，全缘

C.成熟叶，深黄绿色（141A）

'翠枝'叶片　　　'雪璇'叶片

D.交互对生叶未扭转到同一平面，交错排列

'翠枝'春季叶形态及叶色

'翠枝'夏季叶形态及叶色

品种：**黄锦**

Chionanthus retusus 'Huangjin'

　　落叶乔木，全雄株。干型微弯，主枝伸展姿态半开张，分枝密度中，树冠卵球形，树皮灰褐色。当年生枝平展、灰绿色。叶长椭圆形，薄革质，叶片平展或近平展，交互对生叶扭转到同一平面，叶片长均值10.13cm，宽均值4.25cm，长宽比2.38，先端渐尖，叶基楔形，全缘，新叶黄色，持续30～40d，老叶黄绿色。

　　'黄锦'成熟叶黄色，叶片长椭圆形，平展或近平展。'雪丽'成熟叶绿色，叶片椭圆形，叶面泡状凸起。

叶片长椭圆形

叶片平展或近平展

品种来源： 青岛市崂山区卧龙村特异单株

叶缘： 全缘　　　　**新叶颜色：** 黄色　　　　**叶片形状：** 长椭圆形

当年生枝颜色： 灰绿色　　**叶片形态：** 平展或近平展　　**叶色持续时间：** 30～40d

A.幼叶：新叶黄色（141D）

B.当年生枝：灰绿色（N144A），被毛稀

C.成熟叶，黄绿色（144B）

⊢————┤2cm

D.叶长椭圆形，薄革质，叶片平展或近平展，交互对
生叶扭转到同一平面，先端渐尖，叶基楔形，全缘

'黄锦'春季母株

品种 **牧黄**
Chionanthus retusus 'Muhuang'

落叶乔木，以两性花为主。干型微弯，树冠倒卵形，主枝伸展姿态半开张，树皮灰褐色，有开裂。当年生枝斜展、绿色。叶卵形，薄革质，"U"形，叶片长均值4.88cm，宽均值2.51cm，长宽比均值1.94；先端钝圆，叶基截形，全缘，新叶黄色，持续整个生长期。花序轴单轴，花冠裂片长均值1.25cm，宽均值0.20cm，长宽比6.20，无花香。

'牧黄'成熟叶黄色，叶片形态为"U"形，花序轴单轴，为两性花。'雪灯笼'成熟叶绿色，平展或近平展，花序轴多轴，全雄花。

新叶黄色

'牧黄'果实

品种来源：泰安罗汉崖流苏种源地发现的一株流苏树特异单株

叶片形态："U"形　　**新叶颜色：**黄色　　**叶片形状：**卵形

当年生枝颜色：绿色　　**叶缘：**全缘　　**叶色持续时间：**整个生长期

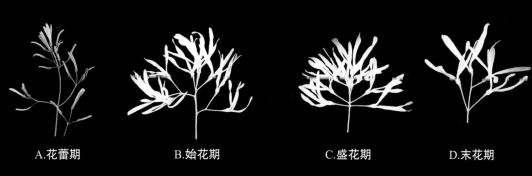

A.花蕾期　　　　　B.始花期　　　　　C.盛花期　　　　　D.末花期

'牧黄'花序 ├────┤ 2cm

花色为白色（NN155D）　　　'牧黄'花　　　　'雪灯笼'花

'牧黄'母株

第五章

流苏树树型特异品种

品种：**暴马**
Chionanthus retusus 'Baoma'

落叶乔木，以两性花为主。干型微弯，树倒卵球形，树皮红褐色，具密集细裂纹，有开裂。当年生枝红褐色，分枝角度45°左右，皮孔极突。叶椭圆形，革质，平展或近平展，先端钝圆，基部楔形，密被柔毛，全缘，幼叶绿色。花序轴单轴，花冠裂片平直，花清香。果椭球形，被白粉呈紫黑色，结实量少。展叶期中，花期中。

'暴马'当年生枝皮孔极突，叶片平展或近平展。'雪玉'当年生枝皮孔微突，叶片"U"形。

树皮密生皮孔   树冠倒卵球形

品种来源： 河南洛阳栾川实生苗种源

冠形： 倒卵球形   **当年生枝颜色：** 红褐色

当年生枝分枝角度： 45°左右   **当年生枝皮孔突出程度：** 极突

树皮颜色： 红褐色   **树皮形态：** 开裂，具密集细裂纹

A.叶芽：尖端浅紫红色（186C）,叶背被毛

B.幼叶绿色（143B）

C.当年生枝斜展，皮孔突出程度为极突

3cm

D.树皮红褐色（177B），具密集细裂纹，有开裂

E.整体形态：叶椭圆形，革质，平展，不嵌色，上面毛被无或近无，背面毛被仅中脉，叶片长为5.8～7.5cm，宽3.5～4.5cm，先端钝圆，叶基宽楔形或楔形，全缘，叶柄长0.9～1.4cm，被毛

F.花蕾期　　　　G.始花期　　　　H.盛花期　　　　I.末花期

花瓣裂片基部为浅紫色
（186D）

花裂片白色（NN155C）

'暴马'花序 ┗━━━━┛1cm

'暴马'花

'雪玉'花

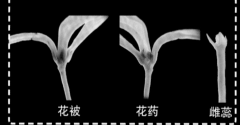

花被　　　　花药　　　　雌蕊

花的结构 ┗━━━━┛3mm

'暴马'母株

品种：**冲霄**

Chinonentus retusa 'Chongxiao'

落叶乔木，以两性花为主。干型微弯，树冠纺锤形，树皮黄绿色至黄褐色，轻微剥落，皮孔均匀。当年生枝条绿色，分枝角度在45°左右。叶椭圆形，革质，"V"形，先端钝圆，基部宽楔形或楔形，全缘。花序轴单轴，花冠裂片平直。果椭球形，被白粉。

'冲霄'树冠纺锤形，树皮黄绿色至黄褐色，具均匀细裂纹，轻微剥落，皮孔均匀。小枝灰褐色至灰白色。'暴马'树冠倒卵球形，树皮红褐色，具密集细裂纹，有开裂，皮孔极突，小枝红褐色。

树冠纺锤形

叶片"V"形

品种来源：河南洛阳栾川实生苗种源

当年生枝颜色：绿色

叶片形态："V"形

树皮形态：具均匀细裂纹

冠形：纺锤形

当年生枝分枝角度：45°左右

树皮颜色：黄绿色至黄褐色

品种：雪月

Chionanthus retusus 'Xueyue'

　　落叶乔木，以两性花为主。树冠伞形，树皮灰褐色，主枝下垂。当年生枝下垂、灰绿色。叶长椭圆形，薄革质，叶缘波浪状起伏，先端钝尖，基部楔形，全缘，幼叶黄绿色。花序轴单轴，花冠裂片平直，花清香。果实椭球形，被白粉，呈紫黑色，结实量少。展叶期中，花期中。

　　'雪月'叶片薄革质，叶缘波浪状起伏，当年生枝下垂。'雪丽'叶片厚革质，叶面水泡状凹陷，当年生枝平展下垂。

当年生枝下垂

叶缘波浪状起伏

品种来源： 河南洛阳栾川实生苗种源

当年生枝： 下垂

冠形： 伞形

叶片形态： 叶缘波浪状起伏

叶片形状： 长椭圆形

叶片质地： 薄革质

A.叶片薄革质，叶缘波浪状起伏，当年生枝细长柔软，下垂

B.幼叶：新生幼叶黄绿色（143B）

D.小枝灰褐色至黄褐色，无毛，当年生枝细长柔软，下垂，灰绿色，被毛

C.叶芽：黄绿色（143B），尖端泛紫红色，叶被毛

E.叶长椭圆形，薄革质，全缘，叶缘波浪状起伏，不嵌色，上面毛被无或近无，中脉有毛，叶片长7.0～9.0cm，叶片宽3.5～4.5cm，叶先端钝尖，叶基楔形，叶柄长0.4～0.7cm，叶柄被毛，幼叶黄绿色

'雪月'垂枝形态

品种：**雪丽**
Chionanthus retusus 'Xueli'

落叶乔木，以两性花为主。树冠伞形，树皮灰褐色，主枝下垂。当年生枝条平展下垂、灰绿色。叶椭圆形，厚革质，叶面水泡状凹陷，先端钝圆，基部宽楔形，全缘，幼叶黄绿色。花序轴单轴，花冠裂片平直，花清香。果椭球形，被白粉，结实量中。展叶期中，花期中。

'雪丽'叶片厚革质，叶面水泡状凹陷，当年生枝平展下垂。'雪月'叶片薄革质，叶缘波浪状起伏，当年生枝柔软下垂。

当年生枝平展下垂

树冠伞形

品种来源：河南洛阳栾川实生苗种源

当年生枝：平展下垂

冠形：伞形

叶片形态：叶面水泡状凹陷

叶片形状：椭圆形

叶片质地：厚革质

A.叶芽：黄绿色（144A），叶背被毛

B.幼叶：新生幼叶黄绿色（144C）

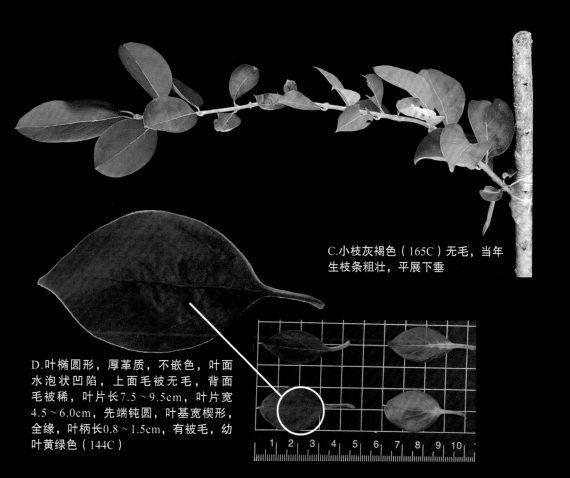

C.小枝灰褐色（165C）无毛，当年生枝条粗壮，平展下垂

D.叶椭圆形，厚革质，不嵌色，叶面水泡状凹陷，上面毛被无毛，背面毛被稀，叶片长7.5～9.5cm，叶片宽4.5～6.0cm，先端钝圆，叶基宽楔形，全缘，叶柄长0.8～1.5cm，有被毛，幼叶黄绿色（144C）

'雪丽'花期垂直形态

'雪丽'夏季垂直形态

品种：千手观音

Chionanthus retusus 'Qianshouguanyin'

　　落叶乔木，全雄株。干型微弯，树冠圆柱形，树皮灰褐色。当年生枝斜展、绿色，小枝数量多，似千手。叶椭圆形，薄革质，平展或近平展，先端钝圆，叶基楔形，新叶初期黄绿色后转为紫红色。花序轴单轴，花冠裂片平直，无花香。

　　'千手观音'新叶初期黄绿色后转为紫红色，叶平展或近平展；'卷叶流苏'春季叶片浅绿色，叶片向外反卷。

聚伞形圆锥花序

叶片平展或近平展

品种来源：河南洛阳栾川实生苗种源　　**冠形：**圆柱形

当年生枝伸展姿态：斜展　　　　　　**小枝数量：**多

幼叶颜色：黄绿色后转为紫红色　　　　**叶片形态：**平展或近平展

A.叶芽：红棕色（166B），叶背被毛

B.幼叶：新生幼叶初期黄绿后渐变为紫红色最终为绿色

C.小枝灰褐色（197C），皮孔密度中；当年生枝条绿色（141C），被毛稀

E. 叶椭圆形，薄革质，平展或近平展，不嵌色，上面毛被无或近无，背面毛被稀，先端钝圆，叶基楔形，全缘

2cm

D.成熟叶，中等黄绿色（138B）

G.花蕾期　　　　　　H.始花期　　　　　　I.盛花期　　　　　　J. 末花期

小花裂片基部浅紫红色
（N77B）

'千手观音'花序 └────┘1cm

'千手观音'花

'卷叶流苏'花

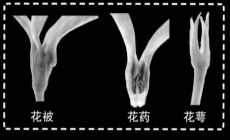

花被　　　　　花药　　　　花萼

花的结构 └────┘3mm

'千手观音'母株分枝形态

'千手观音'花及叶形态

第六章

流苏树油用优良株系

品种：泰山二号
Chionanthus retusus 'Taishanerhao'

落叶乔木，以两性花为主。干型通直，树冠卵球形，树皮灰白色。叶倒卵形或椭圆形，革质，平展或近平展，先端钝圆，叶基窄楔形，成熟叶叶缘具锐锯，幼叶黄绿色，成熟叶绿色。果实椭圆球形，蓝紫色，果点数量中，果实中等大小，果实成熟期早，结实量少。

'泰山二号'的含油率为29.20%±1.1%，饱和脂肪酸含量为6.57%±0.07%，单不饱和脂肪酸为54.91%±0.13%，多不饱和脂肪酸含量为31.58%±0.07%。

'泰山二号'花序

'泰山二号'果实

株系来源： 山东泰安泰山种源

结实量： 少　　　　**果实形状：** 椭圆球形　　　　**成熟期：** 早

果实大小： 中　　　　**叶缘：** 成熟叶具锐锯齿　　　　**叶基：** 窄楔形

叶先端： 钝圆　　　　**叶片形状：** 倒卵形或椭圆形　　　　**叶面：** 平展或近平展

A.叶芽：黄绿色（N144C）

C.幼叶：黄绿色（140B）

B.成熟叶：绿色（136B）叶倒卵形或椭圆形

2cm

D.整体形态：叶绿色，叶倒卵形或椭圆形，革质，平展或近平展；先端顿圆，叶基宽楔形，成熟叶具锐锯齿

E.花蕾期　　　　　　　F.始花期　　　　　　　G.盛花期　　　　　　　H.末花期

I.'泰山二号'花序：花裂片白色（NN155C）

2cm

'泰山二号'花序　　　　　　　　　'泰山八号'花序

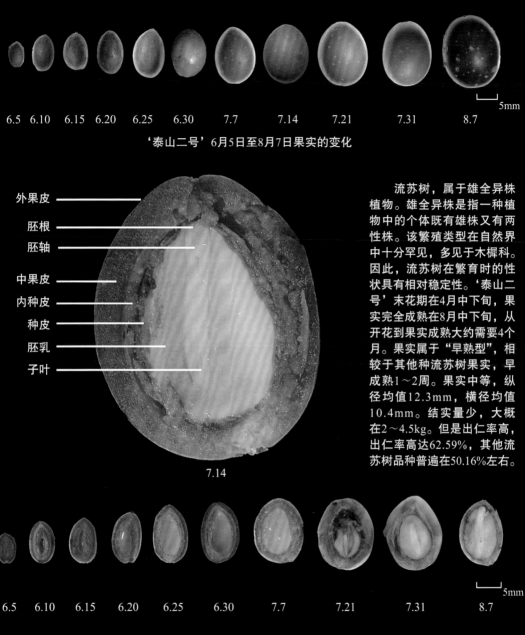

5mm

6.5　6.10　6.15　6.20　6.25　6.30　7.7　7.14　7.21　7.31　8.7

'泰山二号'6月5日至8月7日果实的变化

外果皮

胚根

胚轴

中果皮

内种皮

种皮

胚乳

子叶

7.14

流苏树，属于雄全异株植物。雄全异株是指一种植物中的个体既有雄株又有两性株。该繁殖类型在自然界中十分罕见，多见于木樨科。因此，流苏树在繁育时的性状具有相对稳定性。'泰山二号'末花期在4月中下旬，果实完全成熟在8月中下旬，从开花到果实成熟大约需要4个月。果实属于"早熟型"，相较于其他种流苏树果实，早成熟1～2周。果实中等，纵径均值12.3mm，横径均值10.4mm。结实量少，大概在2～4.5kg。但是出仁率高，出仁率高达62.59%，其他流苏树品种普遍在50.16%左右。

6.5　6.10　6.15　6.20　6.25　6.30　7.7　7.21　7.31　8.7

5mm

'泰山二号'6月5日至8月21日种仁的变化

'泰山二号'7月7日至8月21日胚的变化

2mm

7.7　7.14　7.21　7.31　8.7

'泰山二号'盛花期母株

品种：泰山五号

Chionanthus retusus 'Taishanwuhao'

落叶乔木，以两性花为主。干型微弯，树冠卵球形，树皮灰褐色。叶倒卵形或长椭圆形，薄革质，平展或近平展；先端急尖，叶基窄楔形，成熟叶叶缘具锐锯齿，幼叶紫红色，成熟叶黄绿色。果实两头渐尖呈卵圆形至纺锤形，蓝紫色，果实数量中，果实小，果实成熟期较早熟型晚2周，结实量中。

'泰山五号'的含油率为33.50%±1.6%，饱和脂肪酸含量为6.72%±0.14%，单不饱和脂肪酸为55.05%±0.28%，多不饱和脂肪酸含量为31.88%±0.15%。

'泰山五号'花序

'泰山五号'果实

株系来源： 山东泰安泰山种源

结实量： 中　　**果实形状：** 两头渐尖呈卵圆形至纺锤形　　**成熟期：** 较早熟型晚2周

果实大小： 小　　**叶缘：** 成熟叶具锐锯齿　　**叶基：** 窄楔形

叶先端： 急尖　　**叶片形状：** 倒卵形或长椭圆形　　**叶面：** 平展或近平展

A.芽：顶端紫红色（59B）　　　　B.幼叶：紫红色（187B），后期转变为黄绿色（144C）

⊢——⊣3mm

C.整体形态：叶倒卵形或长椭圆形，薄革质，平展或近平展；先端急尖，叶基窄楔形，成熟叶
叶缘锐锯齿

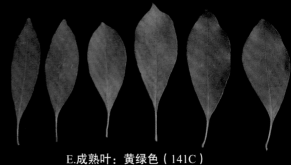

D.当年生枝：黄绿色（141D），皮孔稀，无毛

E.成熟叶：黄绿色（141C）

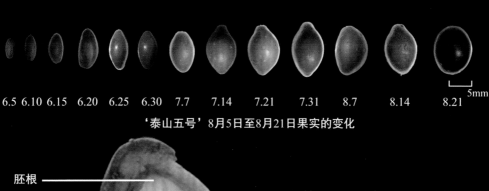

6.5 6.10 6.15 6.20 6.25 6.30 7.7 7.14 7.21 7.31 8.7 8.14 8.21

5mm

'泰山五号'8月5日至8月21日果实的变化

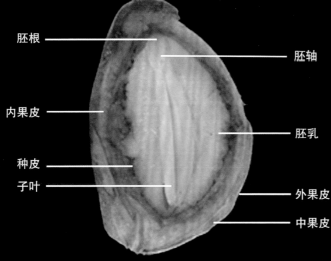

胚根

内果皮

种皮

子叶

胚轴

胚乳

外果皮

中果皮

8.14

'泰山五号'品种，末花期在4月中下旬，果实完全成熟在8月中下旬，从开花到果实成熟大约需要4个月。果实属于"晚熟型"，果实成熟期较早熟型晚2周。果实小，纵径均值10.9mm，横径均值7.8mm。结实量中，大概在3.5～5.5kg。但是含油量高，含油率高达33.6%，其他流苏树品种普遍在29%左右。

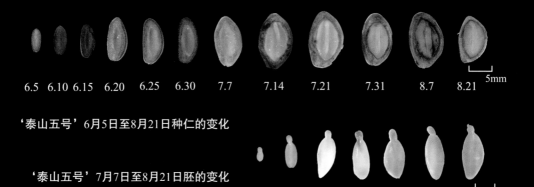

6.5 6.10 6.15 6.20 6.25 6.30 7.7 7.14 7.21 7.31 8.7 8.21

5mm

'泰山五号'6月5日至8月21日种仁的变化

'泰山五号'7月7日至8月21日胚的变化

7.7 7.14 7.21 7.31 8.7 8.14 8.21

2mm

'泰山五号'夏季母株

品种：**泰山八号**

Chionanthus retusus 'Taishanbahao'

　　落叶乔木，以两性花为主。干型微弯，树冠圆柱形，树皮灰褐色，有开裂。当年生枝斜展，皮孔稀疏，嫩枝绿色，被毛中等，枝横截面圆形。叶椭圆形或长椭圆形，厚革质，"U"形，叶面水泡状凹陷，先端钝圆，叶基宽楔形，叶全缘，幼叶紫红色，成熟叶绿色。果实长椭圆球形，蓝紫色，果实数量多，果大，果实成熟期早，结实量中。

　　'泰山八号'的含油率为$25.700\% \pm 1.7\%$，饱和脂肪酸含量为$6.64\% \pm 0.24\%$，单不饱和脂肪酸为$55.11\% \pm 0.50\%$，多不饱和脂肪酸含量为$31.00\% \pm 0.10\%$。

'泰山八号'花序

'泰山八号'果实

株系来源： 山东泰安泰山种源

结实量： 大	**果实形状：** 长椭圆球形	**果实大小：** 大
成熟期： 早	**叶片形状：** 椭圆形或长椭圆形	**叶基：** 宽楔形
叶缘： 全缘	**叶先端：** 钝圆	**叶面：** 叶面水泡状凹陷

A.芽：顶端紫红色（59B）

B.幼叶：紫红色（187B）

C.当年生枝：斜展，皮孔密度稀，黄绿色（141D），被毛稀，枝横截面圆形

D.整体形态：叶椭圆形或长椭圆形，厚革质，叶面水泡状凹陷

├──┤1cm

E.成熟叶：绿色（139B）

F. '泰山八号'花序：花裂片白色
（NN155C）

1cm

G. 果实：长椭圆球形，蓝紫色，果点数量多，果实大，果实成熟期早，结实量中

'泰山八号'花序

'牧黄'花序

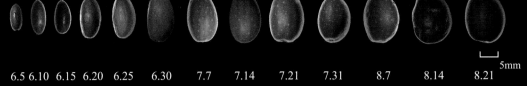

6.5　6.10　6.15　6.20　6.25　6.30　7.7　7.14　7.21　7.31　8.7　8.14　8.21

5mm

‘泰山八号’6月5日至8月21日果实的变化

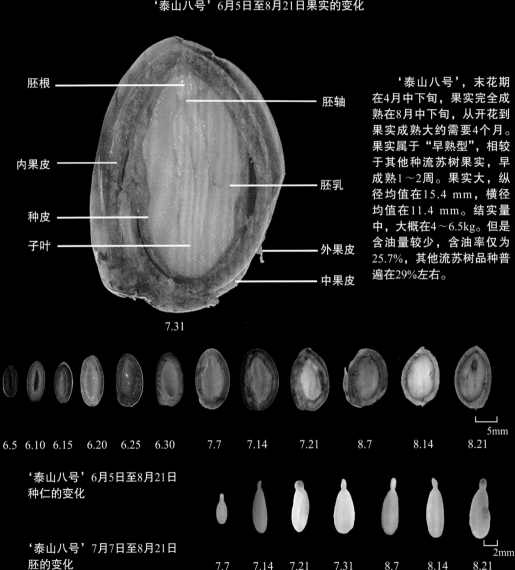

胚根 ——————

—————— 胚轴

内果皮 ——————

—————— 胚乳

种皮 ——————

子叶 ——————

—————— 外果皮

—————— 中果皮

7.31

‘泰山八号’，末花期在4月中下旬，果实完全成熟在8月中下旬，从开花到果实成熟大约需要4个月。果实属于"早熟型"，相较于其他种流苏树果实，早成熟1～2周。果实大，纵径均值在15.4 mm，横径均值在11.4 mm。结实量中，大概在4～6.5kg。但是含油量较少，含油率仅为25.7%，其他流苏树品种普遍在29%左右。

5mm

6.5　6.10　6.15　6.20　6.25　6.30　7.7　7.14　7.21　8.7　8.14　8.21

‘泰山八号’6月5日至8月21日种仁的变化

‘泰山八号’7月7日至8月21日胚的变化

2mm

7.7　7.14　7.21　7.31　8.7　8.14　8.21

'泰山八号' 夏季母株

品种: 潍青三号
Chionanthus retusus 'Weiqingsanhao'

落叶乔木，以两性花为主。干型微弯，树冠圆柱形，树皮灰褐色，有开裂。当年生枝斜展、皮孔稀疏，嫩枝绿色。叶椭圆形，革质，平展或近平展，先端急尖，叶基窄楔形，叶全缘，叶柄被毛，幼叶黄绿色。果实形状椭圆球形，紫黑色。

'潍青三号'的含油率为42.4%±1.30%，饱和脂肪酸含量为6.73%±0.11%，单不饱和脂肪酸为58.75%±0.11%，多不饱和脂肪酸含量为39.14%±0.53%。

'潍青三号'母株

潍青三号'果实

株系来源: 山东潍坊青州种源

结实量: 少

果实形状: 椭圆球形

叶缘: 全缘

叶基: 窄楔形

叶先端: 急尖

叶片形状: 椭圆形

叶面: 平展或近平展

'潍青三号'夏季母株

品种：**潍青五号**

Chionanthus retusus 'Weiqingwuhao'

　　落叶乔木，以两性花为主。干型微弯，树冠圆柱形，主枝伸展姿态半开张。树皮灰褐色，有开裂。当年生枝斜展、皮孔稀疏，嫩枝绿色，被毛中等。叶椭圆形，革质，叶缘波状起伏，先端钝圆，叶基楔形，叶全缘，幼叶黄绿色。果实形状椭圆球形，紫黑色。

　　'潍青五号'的含油率为47.5%±0.67%，饱和脂肪酸含量为6.95%±0.43%，单不饱和脂肪酸为59.73%±0.18%，多不饱和脂肪酸含量为37.78%±1.14%。

'潍青五号'母株

'潍青五号'果实

株系来源：山东潍坊青州邵庄种源

当年生枝颜色：绿色　　　　**幼叶颜色：**黄绿色　　　　**叶片形状：**椭圆形

叶片形态：叶缘波状起伏　　**果实形状：**椭圆球形　　　**结实量：**多

'潍青五号'夏季母株

品种：**雪籽**
Chionanthus retusus 'Xuezi'

落叶乔木，以两性花为主。当年生枝斜展、中绿色。叶椭圆形，革质，平展或近平展，先端锐尖，叶基宽楔形或圆形，全缘，幼叶中绿色。花序轴单轴，花冠裂片平直，花香浓郁。果实形状近球形，紫黑色。果实长度短，直径中，结实量多。始花期早，花期中，花持续期长，落叶期中。

'雪籽'叶片平展或近平展，革质，果实近球形。'雪玉'叶片"U"形，厚革质，果实椭球形。

叶平展或近平展

结实量多

品种来源：山东临沂沂水县武家洼特异单株

叶片形态：平展或近平展　　　　　　**叶片先端：**锐尖

叶缘：全缘　　　　　　　　　　　　**花香：**浓郁

果实形状：近球形　　　　　　　　　**结实量：**多

第七章

流苏树良种

品种：**山河流苏**

Chionanthus retusus 'Shanheliusu'

　　落叶乔木，全雄株。干型微弯，树冠倒卵球形，树皮灰褐色。当年生枝斜展，嫩枝黄绿色，被毛密，小枝灰白色，枝横截面圆形。叶长椭圆形，革质，"V"形，先端钝圆，叶基楔形，全缘，幼叶绿色，叶脉、叶柄皆有毛。花序轴单轴，花序梗基部无苞片，花萼嫩绿色，小花数量多，花冠裂片线性倒披针形、花冠裂片姿态平直，以两性花为主。果实椭球形，紫黑色。

　　'山河流苏'当年生枝黄绿色，叶长椭圆形，叶片"V"形。'瑞雪'当年生枝红褐色，叶卵形，叶片平展或近平展。

叶片长椭圆形

'山河流苏'花序

品种来源：河南桐柏种源的嫁接苗

冠形：倒卵球形　　　**叶片形状：**长椭圆形　　　**叶片形态："**V"形

叶先端：钝尖　　　　**花香：**无　　　　　　**小花数：**多

良种'山河流苏'单株

品种 **山湖流苏**
Chionanthus retusus 'Shanhuliusu'

　　落叶乔木，全雄株。干型微弯，树冠卵球形，树皮黄绿色，长条状剥落，疏生皮孔，有开裂，小枝灰白色。叶椭圆形，革质，"V"形，先端钝尖，叶基楔形，全缘或锯齿，叶脉、叶柄皆有毛。花序轴单轴，花冠裂片线性倒披针形，花冠裂片姿态平直，花冠半闭合，以雄性花为主。萌芽期早，开花持续时间中，落花期中。

　　'山湖流苏'花冠半闭合，花冠裂片短，花冠裂片基部紫色。'春雪'花冠开张，花冠裂片中，花冠裂片基部绿色。

当年生枝绿色

'山湖流苏'花序

品种来源： 湖北安陆种源的嫁接苗

花香： 无

叶片形态： "V"形

树冠形状： 卵球形

叶片形状： 椭圆形

叶先端： 钝尖

A.叶芽：尖端红褐色（177A）

B.当年生枝：绿色（141C），有皮孔，被茸毛

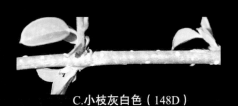

C.小枝灰白色（148D）

D.成熟叶：深绿色（NN134A）

2cm

E.叶椭圆形，革质，"V"形，先端钝尖，基部楔形，全缘，叶脉明显，5～7对，叶柄基部绿色（141C）

良种'山湖流苏'单株

品种：山秦流苏
Chionanthus retusus 'Shanqinliusu'

　　落叶乔木，全雄株。干型微弯，树冠卵球形，树皮黄绿色。当年生枝斜展、嫩枝黄绿色，被毛密，枝横截面圆形。叶椭圆形，革质，"V"形，先端钝尖，叶基楔形，全缘，叶脉、叶柄皆有毛，幼叶黄绿色。花序轴单轴，花冠裂片线性倒披针形，花冠裂片姿态平直，以雄性花为主。

　　'山秦流苏'当年生枝黄绿色，叶片"V"形，革质。'雪玉'当年生枝绿色，叶片"U"形，厚纸质。

叶片椭圆形

'山秦流苏'花序

品种来源：陕西太白山种源的嫁接苗

冠形：卵球形　　　　**当年生枝颜色：**黄绿色　　　　**叶片形状：**椭圆形

叶片形态："V"形　　　　**叶先端：**钝尖　　　　**花香：**无

良种'山秦流苏'单株

品种：**春雪**

Chionanthus retusus 'Chunxue'

落叶乔木，以两性花为主。叶椭圆形或宽椭圆形，革质或薄革质，"U"形，先端圆钝或锐尖，叶基宽楔形或楔形，全缘。聚伞状圆锥花序，花冠裂片尖三角形或披针形，平直。果实椭球形，蓝黑色或黑色。种子含油丰富，其中角鲨烯的含量高达29.96%。萌芽早，始花期早，花期中。

'春雪'叶椭圆形或宽椭圆形，"U"形，全缘。'雪早花'叶椭圆形，"V"形，叶缘具锐锯齿。

整体花密度大（引自马天晓等，2017）

聚伞状圆锥花序（引自马天晓等，2017）

品种来源： 河南济源市太行山区实生苗

花期： 河南地区4月中旬

花冠裂片姿态： 平直

花冠类型： 开张

花冠裂片长、宽： 中、中

叶片形态： "U"形

第八章

流苏树茶用品种

品种：**华茗一号**

Chionanthus retusus 'Huamingyihao'

　　落叶乔木，以两性花为主。干型微弯，树冠卵球形，树皮灰褐色，开裂。当年生枝直立、灰白色。叶椭圆形，薄革质，"V"形，叶片长度中，宽度中；先端钝圆，叶基楔形，全缘，幼叶浅红褐色。果实椭球形，蓝紫色，大小中，结实量少。萌芽期中，落叶期中。生长势强，抽芽力强，抽枝力强，木质化慢，适采期长。

　　'华茗一号'幼叶浅红褐色，"V"形，叶片先端钝圆。'华茗二号'幼叶黄色，叶片平展或近平展，叶片先端渐尖。

枝条灰褐色

叶片椭圆形

品种来源： 河北承德弥勒山

幼叶颜色： 浅红褐色

叶片先端形状： 钝圆

萌芽期： 4月底至5月初

叶片形态： "V"形

落叶期： 10月下旬

'华茗一号'母株

品种：**华茗二号**
Chionanthus retusus 'Huamingerhao'

　　落叶乔木。干型通直，树冠圆球形，树皮灰褐色，开裂。当年生枝斜展、灰白色，皮孔密度中，被毛稀。叶椭圆形，革质，平展或近平展，先端渐尖，叶基楔形，全缘，幼叶黄绿色。萌芽期中，花期中，开花持续期长，落叶期中。干性弱，生长势强，萌芽率强，抽芽力强，抽枝力强，木质化慢，适采期长。

　　'华茗二号'幼叶黄绿色，叶全缘，当年生枝灰白色。'雪早花'幼叶黄绿色，叶缘具锐锯齿，当年生枝绿色。

幼叶黄绿色

叶片椭圆形

株系来源：河北承德弥勒山

幼叶颜色：黄绿色

叶片先端形状：渐尖

萌芽期：4月下旬

叶片形态：平展或近平展

落叶期：10月中旬

'华茗二号'母株

品种：**北茶一号**
Chionanthus retusus 'Beichayihao'

　　落叶乔木，以两性花为主。干型通直，树冠倒卵球形，树皮灰褐色。当年生枝斜展、灰褐色。叶椭圆形，薄革质，平展或近平展，先端钝圆，叶基楔形，全缘，幼叶黄绿色。花序密度中。果实椭球形，蓝紫色，大小中，结实量少，萌芽期中，花期中，开花持续期长，落叶期中。茶芽黄绿色、鲜嫩、丰满。

　　'北茶一号'树皮灰褐色，叶片先端钝圆，萌芽期中。'北茶三号'树皮棕色，叶片先端凹入，萌芽期晚。

幼叶黄绿色

叶片平展或近平展

株系来源： 河北承德弥勒山

幼叶颜色： 黄绿色

叶片先端形状： 钝圆

萌芽期： 4月下旬

叶片形态： 平展或近平展

落叶期： 10月中旬

'北茶一号'母株

品种: **北茶二号**
Chionanthus retusus 'Beichaerhao'

落叶乔木。干型微弯，树冠卵球形，树皮灰褐色。当年生枝斜展、灰白色。叶长椭圆形，薄革质，平展或近平展，先端钝圆，叶基楔形，全缘，幼叶中绿色。萌芽期早，落叶期中。新梢翡翠绿，节间长，生长势强，抽芽力强，木质化慢，适采期长，耐采摘。

'北茶二号'当年生枝灰白色，无被毛，叶片先端钝圆。'雪玉'当年生枝中绿色，被毛密，叶片先端锐尖。

叶片长椭圆形

树冠卵球形

品种来源：河北承德弥勒山

幼叶颜色：中绿色

叶片先端形状：钝圆

萌芽期：4月中旬

叶片形态：平展或近平展

落叶期：10月上旬

'北茶二号'母株

品种：**北茶三号**
Chionanthus retusus 'Beichasanhao'

　　落叶乔木，以两性花为主。干型微弯，树冠卵球形，树皮棕色。当年生枝直立，灰褐色。叶椭圆形，薄革质，平展或近平展，先端凹入，叶基楔形，全缘，幼叶中绿色。果实椭球形，蓝紫色，大小中，结实量中，萌芽期晚，花期中，落叶期中。生长势极强，抽枝力强，适采期长，耐采摘。

　　'北茶三号'树皮棕色，叶片先端凹入，萌芽期晚。'北茶一号'树皮灰褐色，叶片先端钝圆，萌芽期中。

叶片椭圆形

树冠卵球形

品种来源：河北承德弥勒山

幼叶颜色：中绿色

叶片先端形状：凹入

萌芽期：4月底至5月初

叶片形态：平展或近平展

落叶期：10月下旬

'北茶三号'母株

第九章

美国流苏树品种

品种：美国流苏
Chionentus virginicus

落叶小乔木或大灌木。宽与高几同，开放型树冠，树皮灰色，幼时光滑，长大后渐粗糙，有点状突起。小枝四方形。叶窄椭圆形、矩圆形或倒卵形，叶尖下垂，全缘。花白色，花香，花冠裂片深裂成丝条状，花梗底部有一叶状苞片。花期5～6月。核果卵球形，下垂，深蓝色。

'美国流苏'叶片窄椭圆形、矩圆形或倒卵形，叶尖下垂，小枝四方形。'茂苏'叶片长椭圆形，先端扭曲，小枝圆柱形。

花冠裂片丝条状（引自钱又宇，2009）

核果卵球形（引自钱又宇，2009）

品种来源：美国新泽西州南部及佛罗里达和得克萨斯州种源

叶片形状：窄椭圆形、矩圆形或倒卵形　　**叶片形态：**叶尖下垂

小枝形状：四方形　　**果实形状：**卵球形

参考文献

陈弯, 樊莉丽, 许笑蒙, 等, 2018. 14 个类型流苏树叶片和叶柄解剖学特征的比较研究 [J]. 中国农业大学学报, 23(5): 38-51.

方丽, 2017. 流苏树的综合利用价值及栽培管理技术[J]. 现代农业科技(18): 123-124.

郭海丽, 李际红, 李琴, 等, 2021. 流苏树花形态及花香成分的时空动态变化[J]. 林业科学, 57(10): 81-92.

郭海丽, 王锦楠, 李际红, 等, 2021. 流苏树新品种'雪丽'[J]. 园艺学报, 48 (S2): 3003-3004

何艳霞, 孔令茜, 陈鹏臻, 等, 2017. 雄全异株流苏树的花部特征及繁育系统研究[J]. 生态学报, 37(24): 8467-8476.

贾祥云, 戚海峰, 乔敏, 2014. 山东古树名木志[M]. 上海: 上海科学技术出版社.

李际红, 2017. 山东省流苏古树资源[M]. 北京: 中国林业出版社.

刘佳庚, 王锦楠, 李际红, 等, 2021. 流苏树新品种'暴马'[J]. 园艺学报, 48 (S2): 3005-3006.

马天晓, 刘晓, 王艳梅, 2017. 早花流苏树新品种'春雪'[J]. 园艺学报, 44 (11) : 2241-2242.

钱又宇, 2009. 世界著名观赏树木——美国流苏树•美国香槐[J]. 植物资源(7): 66-67.

曲凯, 李际红, 国浩平, 等, 2020. 山东省流苏古树资源及其保护对策[J]. 山东农业大学学报(自然科学版), 51(5): 818-824.

曲凯, 国浩平, 王宝锐, 等, 2020. 基于SRAP 分子标记的流苏树天然群体遗传多样性研究[J]. 北京林业大学学报, 42(12): 40-49.

石雷, 张会金, 2004. 流苏新品种——扭叶流苏[J]. 中国花卉盆景(11): 16-17.

孙霞, 2019. 中国芍药品种鉴赏[M]. 北京: 中国林业出版社.

王如月, 桑亚林, 李际红, 等, 2021. 流苏树新品种'雪月'[J]. 园艺学报, 48 (S2): 3007-3008

邢世岩, 2013. 中国银杏种质资源[M]. 北京: 中国林业出版社.

臧德奎, 2017. 山东省珍稀濒危植物[M]. 北京: 中国林业出版社.

张心妍, 2021. 流苏种子解剖及休眠解除方法研究[D]. 秦皇岛：河北科技师范学院.

中国科学院中国植物志编辑委员会, 1992. 中国植物志：第六十一卷[M]. 北京: 科学出版社.

中国树木志编辑委员会, 2004. 中国树木志：第4卷[M]. 北京: 中国林业出版社.